风电工程建设
安全质量作业标准

风机吊装工程分册

国电投河南新能源有限公司 编

中国电力出版社
CHINA ELECTRIC POWER PRESS

图书在版编目（CIP）数据

风电工程建设安全质量作业标准. 3，风机吊装工程分册 / 国电投河南新能源有限公司编. —北京：中国电力出版社，2020.11
ISBN 978-7-5198-4907-8

Ⅰ．①风… Ⅱ．①国… Ⅲ．①风力发电机－发电机组－安装－安全生产－质量标准－中国 Ⅳ．①TM614-65

中国版本图书馆 CIP 数据核字（2020）第 159402 号

出版发行：中国电力出版社
地　　址：北京市东城区北京站西街 19 号（邮政编码 100005）
网　　址：http://www.cepp.sgcc.com.cn
责任编辑：赵鸣志（zhaomz@126.com）
责任校对：黄　蓓　常燕昆
装帧设计：赵姗姗
责任印制：吴　迪

印　　刷：北京天宇星印刷厂
版　　次：2020 年 11 月第一版
印　　次：2020 年 11 月北京第一次印刷
开　　本：787 毫米×1092 毫米　16 开本
印　　张：1
字　　数：16 千字
印　　数：0001—1500 册
定　　价：78.00 元（全六册）

《风电工程建设安全质量作业标准》
编写委员会

主　　任　耿银鼎

副 主 任　徐士勇　　徐枪声

主　　编　邓随芳

编　　委　魏贵卿　王　浩　张喜东　孙程飞　李　珂　崔海飞

　　　　　任鸿涛　徐梦卓　马　欢　刘　洋　刘君一　张　昭

　　　　　李锦龙　兰　天

知识产权声明

本文件的知识产权属国电投河南新能源有限公司及相关产权人所有，并含有其保密信息。对本文件的使用及处置应严格遵循获取本文件的合同及约定的条件和要求。未经国电投河南新能源有限公司事先书面同意，不得对外披露、复制。

前　　言

为规范国电投河南新能源有限公司全资和控股的新建、扩建陆上风力发电工程建设质量管理工作，明确质量要求，提升施工工艺质量标准，特编制本标准。

本标准由河南新能源工程建设中心组织编制并归口管理。

本标准主编单位：国电投河南新能源有限公司。

本标准主要编写人：徐梦卓。

本标准主要审查人：邓随芳、孙程飞。

目　　录

编号	工艺名称	工艺流程	工艺标准及施工要点	验收标准	安全要点
1	吊装作业准备		（1）通往安装现场的道路要清理平整，路面须适合卡车、拖车和吊车的移动和停放。 （2）场地承载力满足风机设备及吊车载荷要求，避免由于不均匀沉降导致的设备倾斜。 （3）风机零部件临时放置时应避开工作区，并要求临时放置区域地面平整、硬实、无沟壑。 （4）塔筒、机舱、叶片等在地面放置期间，底部不能与地面直接接触。 （5）风机的基础应完好，风机塔筒安装前，混凝土基础应有足够的养护期，一般需要28d以上的养护期，且各项技术指标均合格。 （6）吊装前应对现场所有设备进行检查、核对，到货产品应为验收合格的产品，核对货物的装箱单及安装工具清单，确定机组部件是成套、完好	同工艺标准	（1）编制吊装方案并经过总监理工程师审批。 （2）对从事指挥和操作的人员进行资格确认，确保其持证上岗。 （3）对相关人员进行安全交底、教育。 （4）对起重机械和吊具进行安全检查确认，确保处于完好状态。 （5）对吊装区域内的安全状况进行检查（包括吊装区域的划定、标志、障碍、警戒区建立等）。 （6）专职安全员应在现场全程跟踪，对作业过程中的安全隐患应及时制止。 （7）有明火作业及易燃易爆物品旁禁止摆放风机部件。 （8）吊装场地四周无高压电线等安全隐患。 （9）大型零部件和柜体之间至少保持1m的间距，为消防和应急通道。 （10）吊装作业吊车必须使用路基板。 （11）禁止夜间吊装
2	塔筒吊装	1. 塔筒吊装准备 2. 塔筒吊装	（1）检查所有部件外观是否损坏，检查塔架油漆的破损程度并清理，吊装前修补破损部位的油漆。 （2）吊具安装完成后，必须试吊。 （3）用主吊车、辅助吊车分别将组装好的主吊具、辅助吊具吊至塔筒的上、下法兰适当位置。根据吊具安装要求在上法兰上安装主吊具，在塔筒下法兰上安装辅助吊具。辅助吊具必须安装于法兰上半部分，并关于法兰直径中心线对称，且倾角不超过20°（一般两吊间隔8~10个孔即可）。 （4）吊具与塔筒法兰连接螺栓需安装紧固，拧紧力矩为300~500N·m。 （5）主吊车、辅助吊车配合水平起吊塔筒至离地面合适高度时，清洁与地面接触部分的塔筒外壁污物，如有油漆破损要补刷油漆	（1）塔筒内外及法兰面表面干净，无磕碰、损伤，无防腐破坏。 （2）螺栓固体润滑膏涂抹均匀，涂抹位置正确。 （3）塔筒连接螺栓、垫片、螺母规格正确，安装方向正确。塔筒连接螺栓力矩紧固合格，防松标识清晰正确。 （4）塔筒对接标记正确，方向正确。塔筒爬梯安全对接，无错位，对接螺栓安装紧固。安全滑轨安全对接，无错位。安全锁扣与滑轨无卡滞现象。	（1）塔架起吊时应注意风速、雨、雾等天气情况，严禁夜间吊装风机。 （2）必须保持吊装施工各作业组之间通信通畅，在工作前检查通信功能正常。 （3）检查在吊装塔筒时有可能掉落下来的松散部件并做处理。 （4）检查各段塔筒内电缆支架、爬梯、平台固定螺栓的紧固情况，检查临时性防坠落钢丝绳的配备符合要求。 （5）将每段塔筒上的法兰连接螺栓、螺母、垫片、电动扳手、撬杠等固定在上平台上，所固定物品一定要绑扎牢靠，防止起吊过程中物品从平台孔处掉落，发生危险。 （6）风机内工作人员每段塔架只允许一个人使用

编号	工艺名称	工艺流程	工艺标准及施工要点	验收标准	安全要点
2	塔筒吊装	1. 塔筒吊装准备 2. 塔筒吊装	（6）塔筒对接时，借助定位销或撬棒引导两法兰对中，使两法兰对接标记对正。 （7）塔筒对正后，缓慢落下塔筒至两法兰间留有一定的小间隙，迅速十字对角安装一部分螺栓、垫片和螺母，然后可落下塔筒，吊车维持 10t 左右提升力，直至穿完剩余的螺栓。螺栓必须由下向上穿（干涉处除外）。 （8）待所有螺栓手工穿完，用电动快速扳手以十字交叉方式按 5 个螺栓一组交叉紧固 20 颗螺栓后，依次预紧完所有的螺栓。然后用液压力矩扳手以十字交叉方式拧紧塔筒螺栓，并将拧紧的螺栓用记号笔做上标记；液压扳手拧紧的同时即可放松主吊车，拆卸掉主吊具组合成套后用吊车将其吊至地面。 （9）待所有螺栓电动扳手预紧完后，紧接着快速使用液压力矩扳手在法兰面内以十字交叉方式分三次紧固力矩，分别为最终值的 50%、75%、100%，每次均使用记号笔做好标记，便于检查，防止重复或遗漏。 （10）塔筒安装完毕，及时将塔筒之间接地线安装好。 （11）在下段塔筒安装后，及时将塔筒入口爬梯安装完毕，用螺栓固定挂耳，要求牢固可靠。调节梯子地脚螺栓高度，使梯子台阶面水平、无歪斜。 （12）安装塔底平台面板、调节支架位置，使平台面板固定牢靠	（5）塔筒平台面板连接螺栓全部紧固，平台与支脚间放置橡胶垫。平台板与板之间、平台与塔筒无干涉，平台面板平整。 （6）塔架入口梯子螺栓安装牢固，梯子台阶面水平、整体无歪斜。塔架门栓能够销入入口梯子上对应卡槽中。塔筒门开启灵活，门锁正常入位，密封条无破损或附着在塔架上现象	爬梯，使用提升机不得超过其最大荷载。 （7）现场人员必须佩戴安全帽，上部施工人员防止高空坠物。 （8）吊装作业过程中，禁止任何车辆放置在吊臂下侧，确保所有人员远离起吊作业半径范围。 （9）塔架吊装过程中不得发生碰撞。 （10）塔架安装过程中严禁将手伸入塔筒夹缝中。 （11）塔架内不得单独一人工作。 （12）起重指挥必须按规定的指挥信号进行指挥，其他作业人员应清楚吊装方案和指挥信号；起重指挥应严格执行吊装方案，发现问题应及时与吊装方案编制人员协商解决。 （13）吊装过程中，任何人不得擅自离开岗位。 （14）起吊重物就位前，不许解开吊装索具；任何人不准随同吊装设备或吊装机具升降。 （15）风速大于或等于 10m/s 时禁止进行吊装作业
3	机舱吊装	1. 机舱吊装准备 2. 机舱吊装	（1）顶端塔架上法兰面不允许涂抹密封胶。 （2）顶段塔筒和机舱必须在一天内完成安装。 （3）机舱吊装后立即对其与塔架的跨接接地导线进行安装。 （4）机舱吊装过程中不得发生碰撞。 （5）用主吊车将机舱吊具吊至机舱上方适当位置进行吊具安装，吊具安装位置正确、牢靠。 （6）将放在塔筒平台上的连接螺栓的螺纹部位及螺栓头与垫片的结合面涂抹固体润滑膏，后摆放在相应的安装孔附近，配套用垫片应对应摆放。	（1）机舱内部干净整洁，内部器件无损伤。 （2）机舱上下壳体拼接对正确，螺栓、垫片齐全。机舱壳体接合部位密封胶涂抹整齐、美观、均匀、压实、无缝隙、无拉丝，螺栓至少露 3 扣及以上。	（1）塔架起吊时应注意风速、雨、雾等天气情况，严禁夜间吊装风机。 （2）必须保持吊装施工各作业组之间通信通畅，在工作前检查通信功能正常。 （3）现场所有人员必须做好相应安全防护措施，塔架内部安装人员必须配备相应安全装置。 （4）检查所有部件外观是否损坏，检查可能在吊装时掉落下来的松散部件并移除。

编号	工艺名称	工艺流程	工艺标准及施工要点	验收标准	安全要点
3	机舱吊装	1. 机舱吊装准备 2. 机舱吊装	（7）拆除机舱固定螺栓，起吊机舱。起吊机舱至塔架上法兰适当高度，用导正棒慢慢放下机舱至两法兰面接触，先安装一部分螺栓，然后放下机舱至两法兰面完全接触。取掉定位螺栓，穿完剩余的螺栓。待所有螺栓手工穿入后用电动扳手按十字对角线方向预紧螺栓。 （8）螺栓待预紧完后，放松主吊车至吊钩提升力为零，及时迅速、连续地使用液压力矩扳手按十字对角线方向紧固螺栓三遍，分别为最终值的 50%、75%、100%，每次均使用记号笔做好标记，便于检查，防止重复或遗漏。 （9）安装机舱时依据主吊车可移动区域确定机舱口朝向，确保便于后续叶轮的吊装。如果场地条件允许，一般要求机舱口与主风向一致	（3）机舱爬梯、测风支架安装牢固、可靠。测风支架底座接缝处涂抹密封胶，密封胶涂抹要求整齐、美观、均匀、压实、无缝隙、无拉丝。 （4）法兰连接螺栓规格正确，方向一致。螺栓涂抹固体润滑膏，应涂抹正确、均匀。螺栓紧固力矩合格，防松标记清晰、正确	（5）风机内工作人员每段塔架只允许一个人使用爬梯，使用提升机不得超过其最大载荷。 （6）现场人员必须佩戴安全帽，上部施工人员防止高空坠物。 （7）吊装作业过程中，禁止任何车辆放置在吊臂下侧，确保所有人员远离起吊作业半径范围。 （8）机舱安装过程中严禁将手深入塔架与机舱的夹缝中。 （9）机舱内不得单独一人工作。 （10）轮毂中心高度平均风速小于或等于 10m/s
4	叶轮吊装	1. 叶轮吊装准备 2. 叶轮组装 3. 叶轮吊装	（1）检查放置轮毂位置的水平度，必须满足设计要求。 （2）检查三个叶片无缺陷，如有缺陷必须修补完成并验收后再组装。 （3）第一片叶片尽量朝向主风向。 （4）完成叶片安装后应先对叶片顶部进行支撑（严禁用泡沫板直接支撑叶片），再解除吊车的吊索。 （5）叶片根部刻度标签上的"0 刻度线"与变桨轴承法兰面上所画的"0 刻度线"应对齐。 （6）组装过程中不得发生碰撞。 （7）三片叶片必须成组，并与轮毂配型一致。 （8）首先检查雷电记忆卡和变桨限位挡块是否安装，如果未安装，应在叶片组对前安装。 （9）根据现场情况，确定叶片和叶轮组对的区域，然后用吊车将轮毂安放到相应的位置并使用相应的轮毂组对工装，要求轮毂支撑区域硬实、平整。在轮毂变桨系统吊离地面时调整轮毂导流罩叶片安装口朝向，便于叶片组对，防止组对叶片时与其他物体干涉，并尽量使一叶片口朝向与主风向一致，确保叶片组对区域无障碍物。	（1）叶片组号一致，与轮毂配型正确。 （2）叶片双头螺栓安装露出长度一致，固体润滑膏涂抹正确、均匀。 （3）叶片 0 刻度线与变桨轴承指针上的 0 刻度线黑色标记线对齐、准确。 （4）叶片挡雨环紧贴毛刷、结构胶液足够填充挡雨环与叶片之间的间隙，挡雨环边缘、开口处连接板及铆钉处涂抹密封胶。密封胶涂抹要求整齐、美观、均匀、压实、无缝隙、无拉丝。	（1）叶轮起吊时应注意风速、雨、雾等天气情况，严禁夜间吊装风机。 （2）必须保持吊装施工各作业组之间通信通畅，在工作前检查通信功能正常。 （3）现场所有人员必须做好相应安全防护措施，塔架内部安装人员必须配备相应安全装置。 （4）叶片必须清理干净后再进行吊装。 （5）风机内工作人员每段塔架只允许一个人使用爬梯，使用提升机不得超过其最大载荷。

编号	工艺名称	工艺流程	工艺标准及施工要点	验收标准	安全要点
4	叶轮吊装	1. 叶轮吊装准备 2. 叶轮组装 3. 叶轮吊装	（10）将双头螺柱旋入叶片法兰内，双头螺柱按要求露出相应长度，要求螺柱植入叶片时需手工旋入，禁用电动、液压扳手或管钳夹持螺柱头。旋入叶片法兰部分螺纹不涂固体润滑膏。若双头螺柱旋入叶片螺纹孔受阻，须及时退出螺柱，用丝锥攻丝处理后方可继续手动旋入。 （11）从叶片叶尖处套入叶尖护带，并拴上两根缆风绳。用吊具将叶片起吊，拆除叶片支架，指挥吊车平稳起吊，到达轮毂变桨法兰面处。 （12）通过人工调整变桨轴承的方法，使叶片顶部的"0"刻度线与变桨轴承的"0"刻度线对齐。调整吊车，同时控制叶片的方向，使叶片连接螺栓穿过变桨轴承法兰孔，实现对接。安装垫片和螺母时的方向，平地一面朝向变桨轴承 （13）使用液压扳手（加长套筒），调整好液压扳手的力矩，对角线方向紧固法兰螺栓。螺栓力矩分三次紧固，分别为最终值的50%、75%、100%。 （14）组对完的叶片用枕木和垂直支撑进行支撑，叶片与垂直支撑之间用柔软的材料对叶片进行保护。 （15）叶片组对完，在吊车松钩前应通过手拉葫芦调整变桨盘以安装变桨锁定装置，锁住变桨盘。 （16）依次按以上步骤组对其余叶片。 （17）清洁叶片根部和叶片密封总成粘接面，保持粘接面的清洁，将叶片密封总成安装在叶根处，移动叶片密封总成使其紧贴毛刷，沿着叶片密封总成外边缘用记号笔在叶片上画线。 （18）使用结构胶在叶片上距所画线25mm处（粘接宽度的中间位置），连续涂胶以形成一个密封的圆环，胶条直径为8～10mm。安装叶片密封总成在打胶上方，向下压紧，用固定装置固定，让胶充分固化。用铆钉连接叶片密封连接板，在叶片密封总成与叶片接合处使用密封胶密封，要求压实、美观。	（5）导流罩连接螺栓紧固牢靠，无漏装螺栓、垫片。接触面平整无间隙，按要求涂抹螺纹锁固胶，防松标识清晰、规范。 （6）法兰连接螺栓规格正确，方向一致。螺栓涂抹固体润滑膏，应涂抹正确、均匀。螺栓紧固力矩合格，防松记号清晰、正确。 （7）轮毂内元器件设备无损坏，外观清洁干净	（6）现场人员必须佩戴安全帽，上部施工人员防止高空坠物。 （7）吊装作业过程中，禁止任何车辆放置在吊臂下侧，确保所有人员远离起吊作业半径范围。 （8）螺栓拧紧后重新用高速轴制动器将高速轴刹死，并将叶轮变桨系统锁住。 （9）风机内不得单独一人工作。 （10）轮毂中心高度平均风速小于或等于8m/s，无雨雪、雷电等恶劣天气

编号	工艺名称	工艺流程	工艺标准及施工要点	验收标准	安全要点
4	叶轮吊装	1. 叶轮吊装准备 2. 叶轮组装 3. 叶轮吊装	（19）根据导流罩内部对接标识对接导流罩前端盖，并用螺栓连接好。连接螺栓螺纹部位涂抹螺纹锁固胶，并用密封胶在导流罩前端盖对接处外表面涂密封胶，要求密封胶宽 10mm，整齐均匀，用手指沾洗洁精水压实、抹光。 （20）清理检查组好的叶轮，对轮毂内部遗留的工器具、螺栓等清理干净，并清洁导流罩内壁。 （21）根据吊车就位及叶轮摆放情况确定 2 个起吊叶片（主吊叶片），并在这 2 个叶片根部安装平宽吊带，确保宽吊带与叶片密封上段的最小距离约为 200mm。吊带表面保持干净、清洁，防止因吊带表面颗粒物损伤叶片表面，严禁宽吊带缠绕、折叠、扭曲、打结。冬季时，宽吊带要保持干燥，防止结冰打滑，若光滑可涂抹松香增大摩擦力。 （22）在 2 个主吊叶片的叶尖适当位置各安装一个与叶片匹配的叶尖护带，通过叶尖护带各绑扎 2 根至少长200m 的导向绳，以便于往两个方向拉。在辅助吊叶片的辅助吊点标识位置往叶尖方向依次安装叶尖护袋及吊带。要求吊带与叶片边缘接触的地方安装叶片护具，并用毛毡对叶片进行防护。 （23）主吊车、辅助吊车各自挂好主吊带、辅助吊带。辅助吊车配合主吊将叶轮由水平状态慢慢调整到竖直状态，确保叶尖不触地。待第三个叶片完全竖直向下时，将辅助吊车脱钩并拆除叶片护具、护带。 （24）指挥吊车，使轮毂法兰与发电机动轴法兰对接。若两法兰螺栓孔错孔可松开发电机转子两锁定位置，通过手拉葫芦旋转发电机转子使螺栓穿入螺栓孔。 （25）安装螺纹涂有固体润滑膏的螺栓，螺栓根部与垫片之间也涂抹固体润滑膏。待所有螺栓人工旋入安装完成后先使用电动扳手按十字对角线方向预紧螺栓，预紧完所有螺栓后再使用液压扳手分三次按十字对角线		

编号	工艺名称	工艺流程	工艺标准及施工要点	验收标准	安全要点
4	叶轮吊装	1. 叶轮吊装准备； 2. 叶轮组装； 3. 叶轮吊装。	方向紧固力矩，分别为最终值的50%、75%、100%。 （26）待所有螺栓按三遍力矩紧固完后，才允许松主吊钩，拆卸主吊带。若在安装时松开了发电机锁定销，此时须配合叶片缆风绳来锁定发电机锁定装置，以便于后续进入轮毂作业		

5 高风险作业（风机机组吊装）先决条件检查表

序号	检查项目	内　　容	是否合格	备注
1	方案	风机吊装方案已经编制、审核、专家评审、发布	□是　□否　□不涉及	
2	组织	必须设置组织机构，明确各人员职责，现场设置专职安全员，负责指挥人员及监理不得离开现场	□是　□否　□不涉及	
3	资质（能力）	具有承担吊装作业的施工单位资质	□是　□否　□不涉及	
		起重机械安装拆卸工作需要有特种设备安装、维护资质	□是　□否　□不涉及	
4	持证上岗	所涉及的特种作业人员（如高处作业人员、电工作业人员、起重指挥、起重操作工等）必须资质合格	□是　□否　□不涉及	
5	作业人员	作业人员身体健康。工作状态良好，患有精神病、癫痫病、高血压、心脏病等不宜从事相关作业病症的人员，不准参加作业	□是　□否　□不涉及	
6	培训	作业人员已接受三级安全教育	□是　□否　□不涉及	
		作业人员已接受安全技术交底	□是　□否　□不涉及	
7	设备设施	手动、电动工器具、通风装置、消防器材、施工机具、照明设备及通信设备通过入场报验，且在质检有效期内	□是　□否　□不涉及	
		特种设备定检合格且在有效期内	□是　□否　□不涉及	
		吊/索具在安全使用周期内	□是　□否　□不涉及	
		起重机械的测风设备检验合格	□是　□否　□不涉及	
8	工作前安全检查	对操作司机、吊装指挥、起重机械安装拆卸工、起重信号工、司索工等特种作业人员进行检查、核对	□是　□否　□不涉及	

序号	检查项目	内　容	是否合格	备注
8	工作前安全检查	总包、吊装单位、监理对吊装使用的吊车及配套车辆进行专项检查	□是　□否　□不涉及	
		对吊装使用的吊具进行专项检查	□是　□否　□不涉及	
		起重机械吊臂及吊钩应设置保险装置	□是　□否　□不涉及	
		对吊装使用的安装工具进行专项检查	□是　□否　□不涉及	
		通信畅通，做到实时沟通	□是　□否　□不涉及	
		现场临时用电必须符合相关要求；电工、高处作业人员持证上岗，要求人证合一，系好安全带	□是　□否　□不涉及	
		对现场作业人员进行技术、安全交底	□是　□否　□不涉及	
9	吊装准备	检查基础水平度报告	□是　□否　□不涉及	
		检查风机地基接地电阻满足规范要求，查接地电阻报告	□是　□否　□不涉及	
		地基承载力满足要求	□是　□否　□不涉及	
		有关材料及工具检验合格	□是　□否　□不涉及	
		检查主吊车机体外壳电气双接地	□是　□否　□不涉及	
		设备正式吊装前应进行试吊，试吊合格后方可正式吊装	□是　□否　□不涉及	
		按照新能源公司《吊装作业监察卡》进行各项检查合格	□是　□否　□不涉及	
		各起重机按照规范要求已就位，支腿全部打开，安全措施到位	□是　□否　□不涉及	
		设两道警戒线，按照新能源公司要求，非施工人员退至安全警戒线外	□是　□否　□不涉及	
		提前了解当地气象情况和特点，风速不超过8m/s（叶片）或10m/s（塔筒）	□是　□否　□不涉及	
		塔筒内部构件绑扎固定牢固	□是　□否　□不涉及	
		进入安装现场严禁携带火源	□是　□否　□不涉及	
		施工现场配备2具以上的灭火器	□是　□否　□不涉及	
		吊装总指挥（佩戴标识）唯一，且始终在现场	□是　□否　□不涉及	
		吊装人员应按吊装指挥人员的指挥信号进行操作	□是　□否　□不涉及	

续表

序号	检查项目	内　容	是否合格	备注
10	应急与急救	发布吊装应急救援预案	□是　□否　□不涉及	
		应急培训、演练完成	□是　□否　□不涉及	
		应急、急救器材布置完成	□是　□否　□不涉及	
		紧急集合点设置完成	□是　□否　□不涉及	
		紧急联系人姓名、联系电话现场公布	□是　□否　□不涉及	
施工单位工作负责人：　　　　　　　　　　EPC 工作负责人： 业主单位管理人员：　　　　　　　　专业监理： 检查日期：　　　年　　　月　　　日